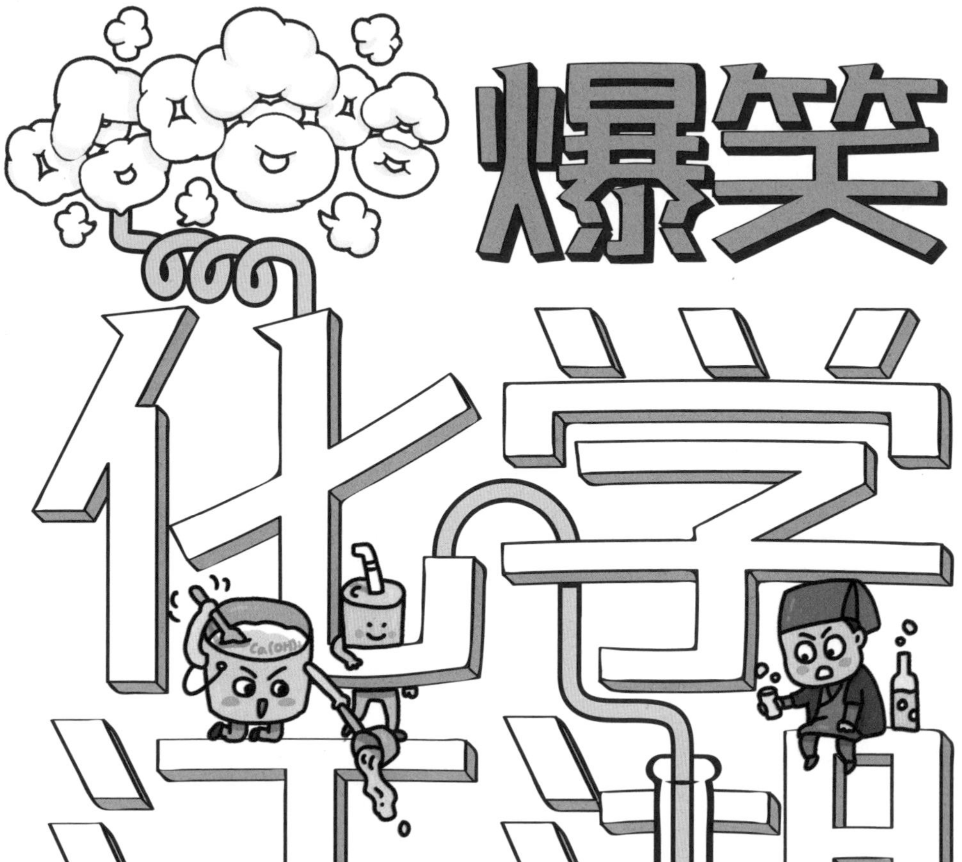

爆笑化学江湖

真假溶液之谜

王冶 —— 著绘

中信出版集团 | 北京

图书在版编目（CIP）数据

真假溶液之谜 / 王冶著绘 . -- 北京：中信出版社，2024.4（2024.10重印）
（爆笑化学江湖）
ISBN 978-7-5217-5736-1

Ⅰ . ①真… Ⅱ . ①王… Ⅲ . ①化学—少儿读物 Ⅳ . ① O6-49

中国国家版本馆 CIP 数据核字（2023）第 086874 号

真假溶液之谜
（爆笑化学江湖）

著 绘 者：王冶
出版发行：中信出版集团股份有限公司
（北京市朝阳区东三环北路27号嘉铭中心 邮编 100020）
承 印 者：北京尚唐印刷包装有限公司

开 本：787mm × 1092mm 1/16 印 张：38 字 数：1000千字
版 次：2024年4月第1版 印 次：2024年10月第3次印刷
书 号：ISBN 978-7-5217-5736-1
定 价：140.00元（全10册）

出 品：中信儿童书店
图书策划：喜阅童书 策划编辑：朱启铭 由蕾 史曼菲
责任编辑：程凤 营 销：中信童书营销中心
封面设计：姜婷 内文排版：李艳芝

服务热线：400-600-8099
投稿邮箱：author@citicpub.com

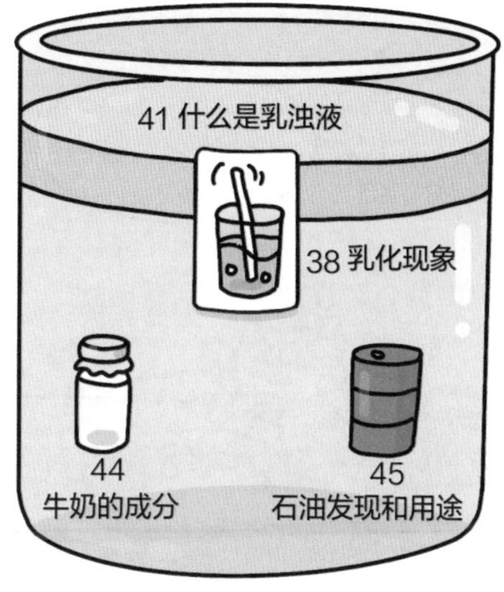
41 什么是乳浊液
38 乳化现象
44
牛奶的成分
45
石油发现和用途

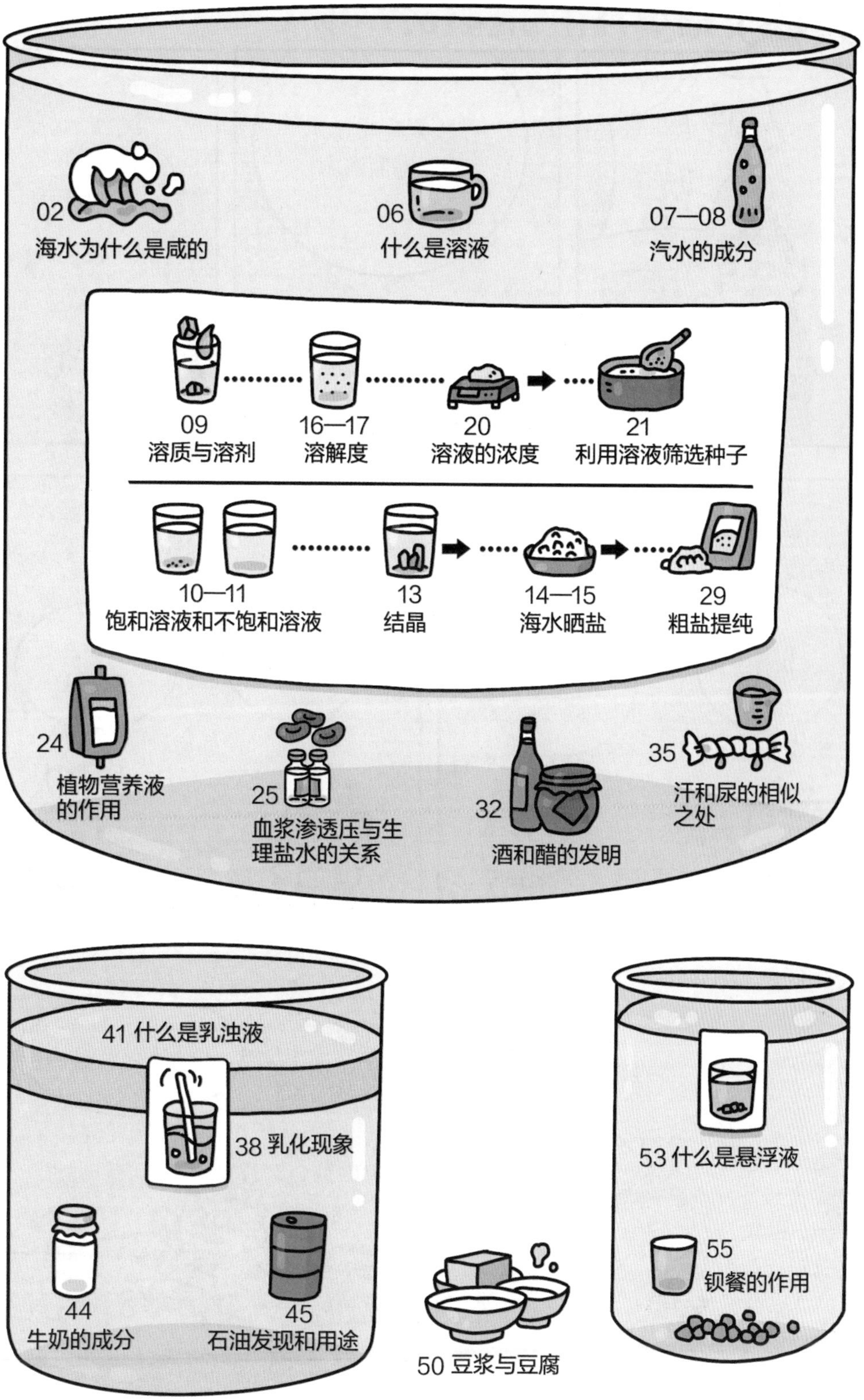

50 豆浆与豆腐

53 什么是悬浮液
55
钡餐的作用

咣！
咣！

累了吧？
来，喝瓶汽水！

嗝！
哎。

嗝！
哎。
弟弟！

好呀！原来你一直在占我便宜！
你往哪里跑？

你才发现呀。

海水好咸呀！
为什么会这么咸？
那是因为
海水中有盐呀。

如果将海水中的盐分提取出来，均匀地铺在陆地表面……

那盐层有
50 层楼
那么高。
海水中的
盐也太多
了吧！

水 吧
咱们去那儿喝点
东西吧！
好啊，我正口渴呢。

这里瓶瓶罐罐挺多的，看起来这些溶液都挺好喝。
谁说这些都是溶液？

啊！你是……

我是这儿的老板。桌子上的这些有些是溶液，有些是乳浊液和悬浮液。

老板，你能给我们详细介绍一下吗？
当然可以了，先给你来一瓶尝尝。

咕！
咕！

味道怎么样，
好喝吗？

好喝，甜甜的。
这是他爷爷的爷爷的
爷爷做的糖水。

噗！
这糖水年代也
太久远了吧！
哈哈！

只要温度不变化，水分不蒸发，
这瓶糖水里面的糖与水就是均
一的、稳定的。还有一瓶陈年
老醋，你要尝尝吗？
不了不了，
我可不尝了。

将蔗糖倒入水中。

蔗糖分子均匀地混入水分子中间。

一种或几种物质分散到另一种物质里，形成均一的、稳定的混合物。这种混合物叫作溶液。

糖水是一种液态溶液。

空气是一种气态溶液，有些固体合金也是一种溶液，叫作固态溶液。

一个人待着真好，
安静悠闲。
嗖！

你是谁呀？
我是糖。

怎么又来人了？
嗖！

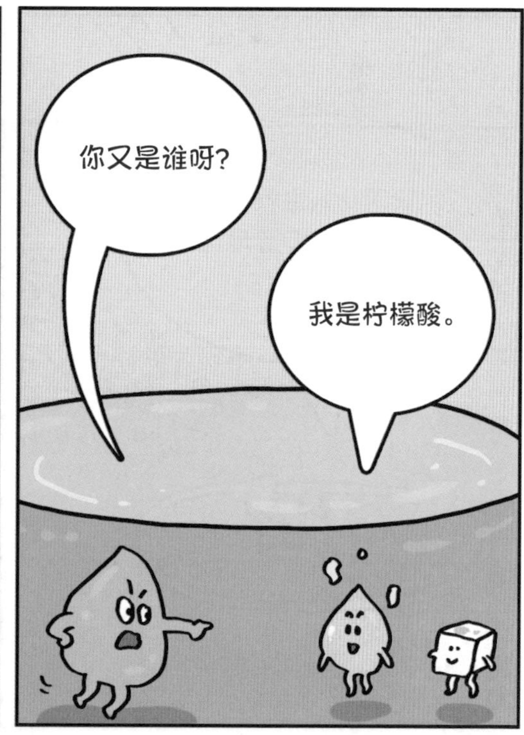
你又是谁呀？
我是柠檬酸。

咕嘟嘟！
又来了什么？

你又是谁？
我是二氧化碳。

真是让人生气呀！想一个人安静地待会儿都不行。
噗！
噗！

好好喝，你调的这种会冒气的饮料是什么？
这就是汽水！

蔗糖
水
在溶液里，被溶解的物质叫作溶质，能溶解其他物质的叫作溶剂。
蔗糖是溶质
水是溶剂

水
两种液体混合互溶，如果其中一种液体是水，一般常把水当溶剂。
水是溶剂

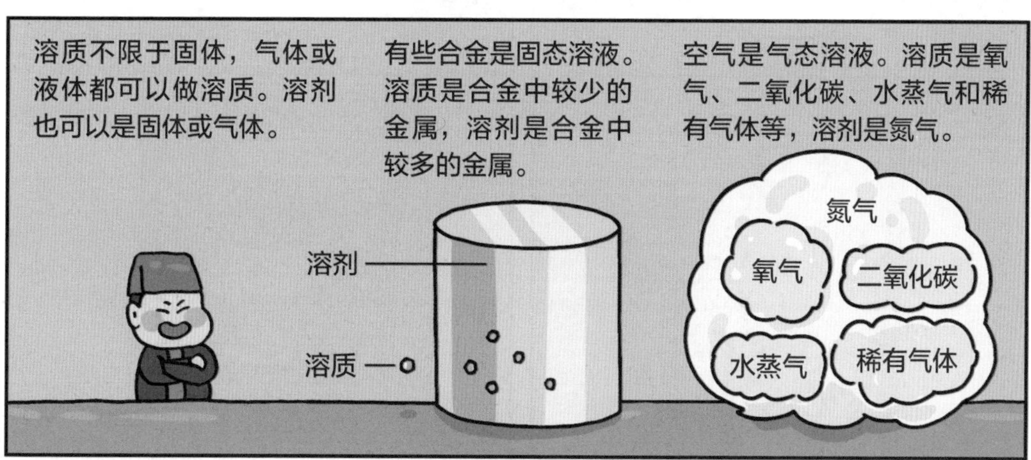
溶质不限于固体，气体或液体都可以做溶质。溶剂也可以是固体或气体。
有些合金是固态溶液。溶质是合金中较少的金属，溶剂是合金中较多的金属。
空气是气态溶液。溶质是氧气、二氧化碳、水蒸气和稀有气体等，溶剂是氮气。
溶剂
溶质
氮气
氧气
二氧化碳
水蒸气
稀有气体

溶液饱和时分子的状态
溶剂分子
溶质分子
现在没有能装下你们的空间了。

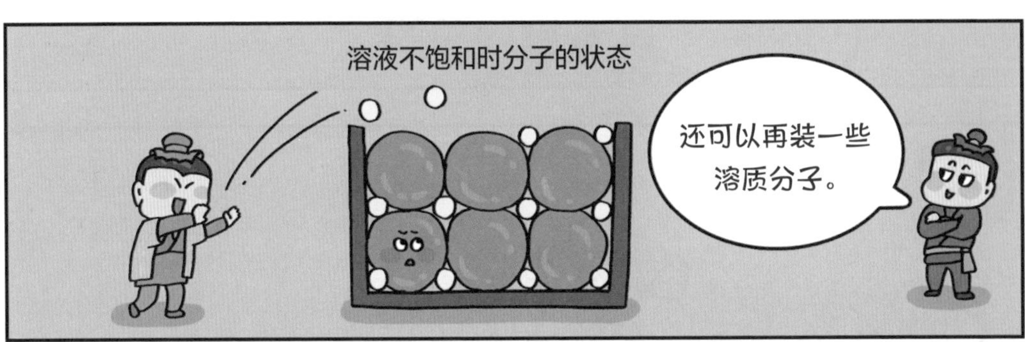

溶液不饱和时分子的状态
还可以再装一些溶质分子。

增加溶剂时分子的状态
又多了很多空间，可以继续添加溶质。

加热溶液时分子的状态
溶剂分子间距离加大，可以塞进去更多的溶质分子。

溶质还能继续溶解，此时的溶液就是不饱和溶液。

在一定的温度下，向一定量的溶剂中加入溶质，若溶质不能继续溶解，此时的溶液就是饱和溶液。

继续添加溶剂，饱和溶液变成不饱和溶液。

升高溶液温度，饱和溶液变成不饱和溶液。

现在温度降下来了，我们溶剂分子要回到原来的位置，你们这些多余的溶质分子站到外面去，把位置让出来。

停止加热后溶液分子的状态

在水中加入硝酸钾。

当水不能完全溶解硝酸钾时，此时的溶液是饱和溶液。

加热溶液，硝酸钾继续溶解于水，此时是较高温度下的不饱和溶液。

当溶液降温后，里面出现了固体。

硝酸钾以晶体形式析出。

在冷却的过程中，原来温度较高的不饱和溶液变成过饱和溶液，过多的溶质以晶体的形式析出，这个过程叫作结晶。

晶体是原子、离子或分子按照一定的规则有序排列而成的固体物质。

杯中的液体不断蒸发。

蒸发饱和溶液中的溶剂也是获得晶体的方法。

海水晒盐的过程
将海水引入贮水池，沉淀
之后再引入蒸发池。
贮水池
海水晒盐最后得到的是粗盐，
主要成分是氯化钠。
粗盐
母液
结晶池中的液体称为母液，可以作为制
造多种化学产品的原料。

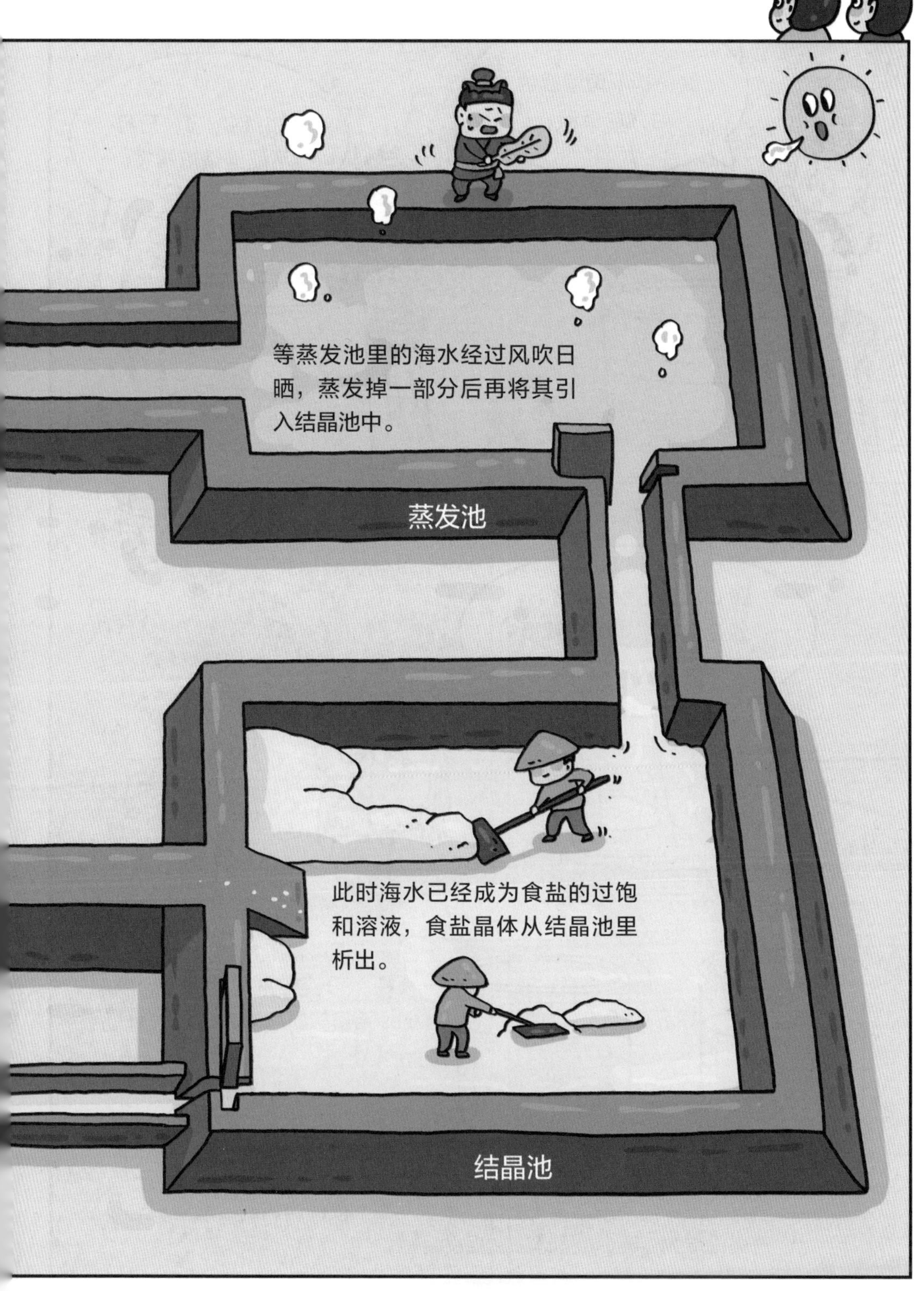
等蒸发池里的海水经过风吹日晒，蒸发掉一部分后再将其引入结晶池中。
蒸发池
此时海水已经成为食盐的过饱和溶液，食盐晶体从结晶池里析出。
结晶池

固体溶解度

氯化钠不再溶解的时候告诉我。

停，别倒了，已经不能继续溶解了。

在 20 摄氏度的条件下，氯化钠在水中的溶解度是 36 克。

100 克

饱和状态

在一定温度和压力下，某种固态物质在 100 克溶剂里达到饱和状态时所溶解的质量就是这种固体的溶解度。

固态物质的溶解度与温度有关，多数固态物质的溶解度随温度升高而增大，极少数固态物质相反。

在一定温度下，1 标准大气压时，这种气体溶解在 1 体积单位溶剂里达到饱和状态时的气体体积单位就是该气体的溶解度。

气体溶解度与温度和压强有关。压强不变，温度越高，气体溶解度越小。温度不变，压强越大，气体溶解度越大。

鱼塘中的打氧机可以将水喷向空中，增大水与空气的接触面积，提高水中的氧气溶解量。

在北方的冬天，人们会打出冰洞，在里面放置玉米秆以防止冰洞被冰封住，这样能给冰面下的鱼提供氧气。

咕嘟嘟！

你在给我的鱼缸打氧吗？谢谢啊。
不客气。

你嘴里吐出的空气，二氧化碳很多，还不如直接用气泵打普通空气的氧气含量高呢！
我的鱼都快缺氧而死啦。

汽水的基本成分
二氧化碳
水
碳酸
糖

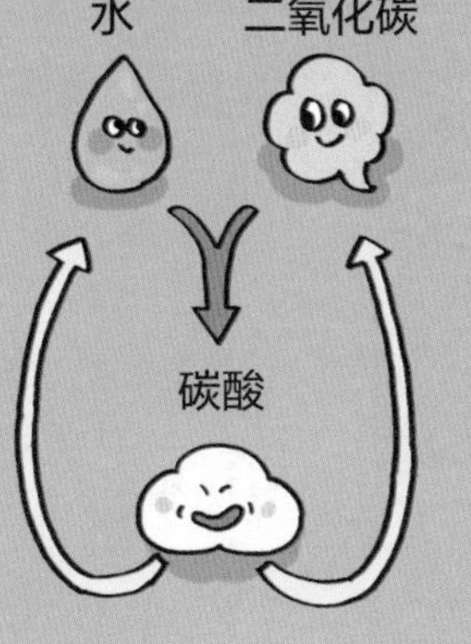

在压力下注入瓶中的二氧化碳气体与水会形成碳酸，碳酸又很容易分解成水和二氧化碳。
水
二氧化碳
碳酸

给我来瓶汽水！

瓶盖打开时，瓶内气压变小，气体溶解度也变小。

噗！
原本溶解在水中的部分二氧化碳气体，就连带汽水一起喷出来了。

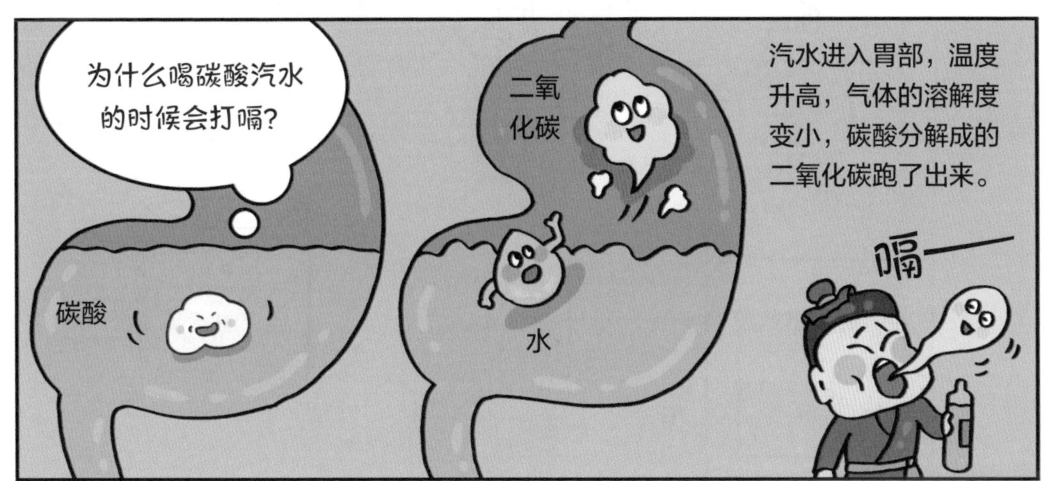

为什么喝碳酸汽水的时候会打嗝？
碳酸
二氧化碳
水
汽水进入胃部，温度升高，气体的溶解度变小，碳酸分解成的二氧化碳跑了出来。
嗝——

一定量的溶液里所含溶质的量就是溶液的浓度。

表示溶液浓度的方法很多，比较常见的方法是溶质的质量分数。

$$溶质的质量分数 = \frac{溶质质量}{溶液质量} \times 100\%$$

溶液质量 = 溶质质量 + 溶剂质量

这杯氯化钠溶液的浓度是 16%。

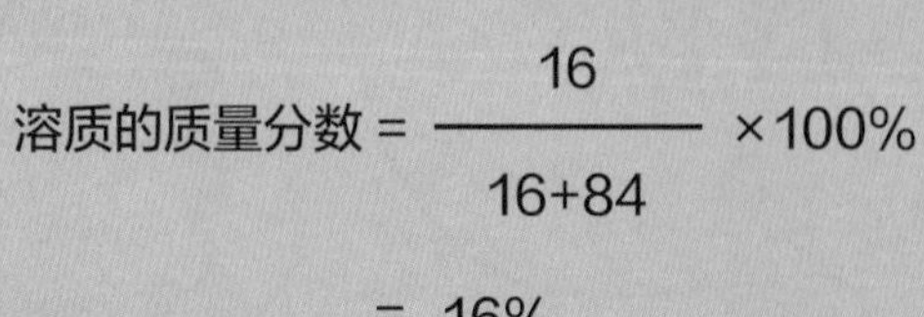

$$溶质的质量分数 = \frac{16}{16+84} \times 100\%$$

$$= 16\%$$

我要用氯化钠溶液
来筛选种子。

配制出质量分数为 16% 的氯化钠溶液。

配好的氯化钠溶液的密度比健康的种子小，饱满的种子就会沉在溶液底部，干瘪的种子会浮在溶液表面。

真是一种简单又
实用的方法。

你看这棵树
在打吊针。
它为什么需要
打吊针呢?

我是新移植过来的树，根系
有损伤，从土里吸收营养的
能力变弱，所以打吊针输液
来补充营养，这样很方便。
噢，原来是
这样，懂了。

采用溶液的形式来
补充营养很方便。人生病了
最好吃流食也是类似的道理。
你以前消化道生病，咀嚼能
力弱的时候，我帮你制作了
流食，还记得吗?
当然记得。

你有什么想吃的吗?
我都放到榨汁机里，
方便你进食。

怎么这么臭啊？

咳咳！病人是不是拉肚子了？

用烂水果榨的汁吗？

吊袋液

溶液对植物的生长有重要意义，吊袋液能方便高效地给树木补充营养。

无土栽培使用的营养液也是一种溶液。

吊袋液、营养液和土壤溶液都是以水为溶剂，溶解了植物所需的氮、钾、磷、钙等多种元素。

土壤溶液

血浆渗透压对维持细胞内外、血管内外水分的平衡有重要的意义。血浆渗透压包含胶体渗透压和晶体渗透压。

晶体渗透压来源于血浆中溶解的晶体，主要是氯化钠，主要影响细胞内外的水分流动，占血浆渗透压的 99%。

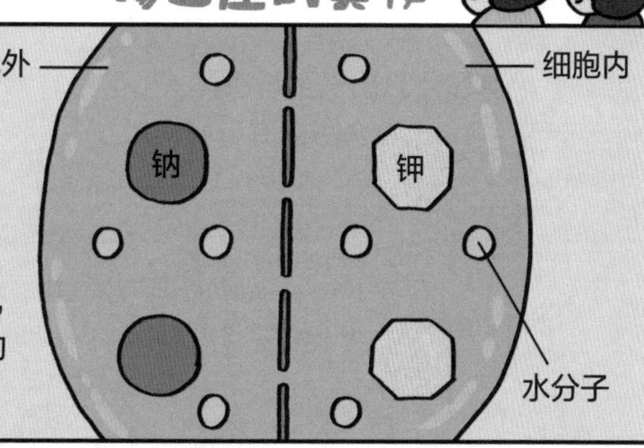

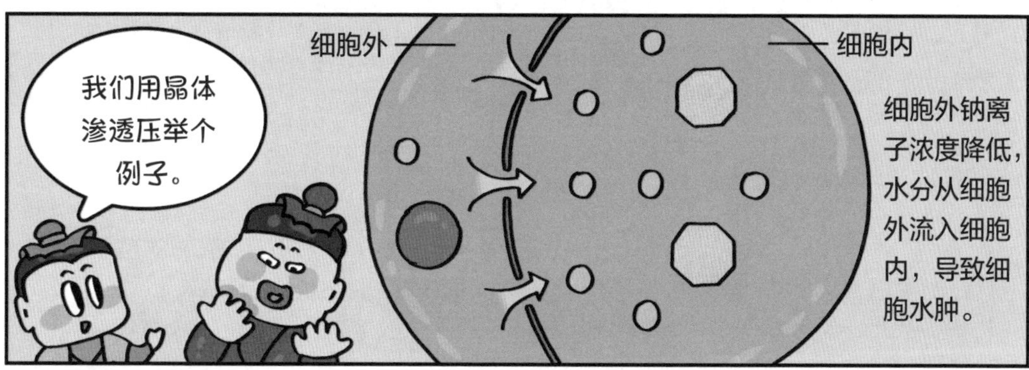

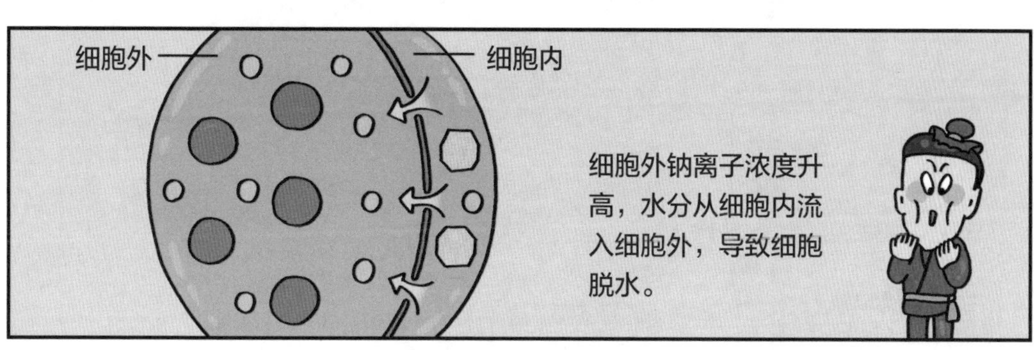

生理盐水的作用

生理盐水是氯化钠与灭菌注射用水按一定比例混合的溶液，用于人的浓度为0.85%~0.9%。

即100毫升的溶液里含0.85%~0.9%的氯化钠。

皮肤出现破损，可以用生理盐水冲洗，有助于清洁创口。

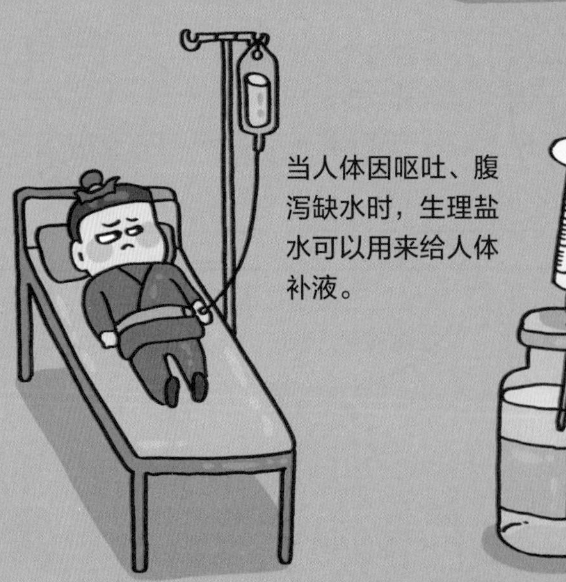

当人体因呕吐、腹泻缺水时，生理盐水可以用来给人体补液。

在静脉注射时，生理盐水可以和其他药物搭配使用。

你拿这块木炭在
地上涂一下!

一下只能涂一点。

我把它敲碎混在
水里，然后你再
试试。

尽管木炭不溶于水，
但是现在确实是黑
了一大片。
这样混合之后，
它与地面的接触
面积增大了。

哎呀呀！

你太糊弄人了，就图省事呀！

利用溶液效率多高呀！

在实验室或化学工厂中，如果将两种能起反应的固体先变成溶液，再将两种溶液混合，往往能反应更快，生产效率更高。

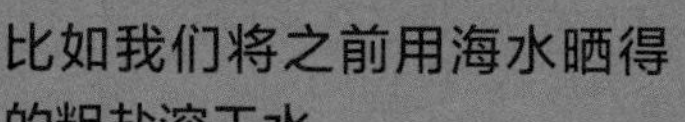

比如我们将之前用海水晒得的粗盐溶于水。

再过滤掉不溶性杂质。

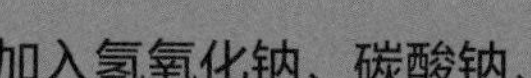

加入氢氧化钠、碳酸钠、氯化钡等溶液，

使镁离子、钙离子、硫酸根离子等可溶性杂质离子转化成沉淀物。

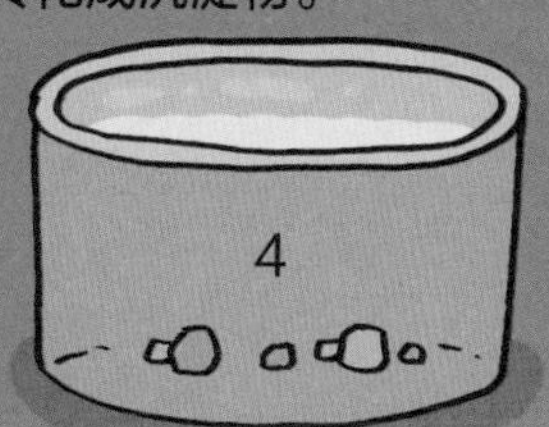

进一步过滤。

加入盐酸调节酸碱度。

6

最后就能得到纯氯化钠结晶。

这温泉就咱仨，
挺好，安静。
大米
玉米
高粱

我是曲霉，你们
也可以叫我酒曲。

我感觉身上的淀粉
变成葡萄糖了。

呀！有一股酒香，
我尝尝。
这可是我们的
洗澡水呀。

快回去取罐子来，
这里有酒。

大家好，
我是醋酸菌。

咦！怎么感觉
味道变了呢？
变成什么
味儿了？

变成醋味儿了！
醋可没有酒
值钱啊。
噗！

传说夏朝时期的杜康发明了酿酒的方法，被称为酿酒始祖。

传说杜康的儿子黑塔发明了醋。

杜康发现粮食与水混合，经过一段时间之后会产生散发清香的液体。

白酒的主要成分是乙醇，乙醇能与水以任何比例互溶，形成溶液。

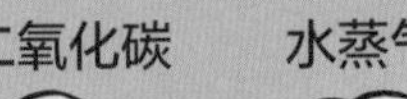

铜与氧气、二氧化碳、水蒸气反应生成碱式碳酸铜，是绿色的，是绿锈（铜绿）的主要成分。

2003 年，在西安市的一处西汉时期的古墓中，考古学家发现了一件青铜器，里面装着 2000 年前的西汉美酒，酒的颜色是绿色的。

专家认为容器表面产生了铜绿，所以酒也逐渐变成了绿色。

大家好！
我是汗水。

汗水代表努力、
付出和奋斗！

来，让我们一起
举杯，敬努力奋
斗的自己。

干杯！敬努力
奋斗的自己。
干杯！

嗨！大家好，
我是尿液。

我能反映出人
体的某些疾病。

来，让我们
一起举杯！
不会是要让我们
干杯吧？

走，让我们拿着
去接尿液，然后
做尿检。
哦，吓死我了。
哈哈。

我们都知道食盐是咸的，因为它的主要成分是氯化钠，氯化钠是咸的。

汗液属于溶液，其主要成分是水，其余成分为氯化钠、氯化钾、尿素等。因为含氯化钠，所以汗也是咸的。

别人洗干净的衣物在这里晾晒，你为什么又给弄脏？
多管闲事！你不就是水吗，我作为油根本不怕你。

呵呵，随便你喷！
噗！

哈哈，看吧！你根本就冲不走我！

洗涤剂快来帮忙，咱俩一起喷他。
噗！

糟糕！竟然被
分解了。

洗涤剂可以将油污
乳化成小油滴而分
散悬浮于水中。

没想到你还能阻止
油珠重新聚集！算
你厉害。

我都晾半天了，
怎么又湿了！
谁干的？

将植物油倒入水中。

静置之后，植物油会漂浮于水面之上，两者互不相溶。

在倒入植物油的同时倒入洗涤剂。

静置之后，植物油与水不再分层。

利用乳化剂使一种液体以极微小的液滴形式均匀地分散在互不相溶的另一种液体中，形成稳定的状态，这一过程叫作乳化。

热锅里有水，
这时候不要倒
油呀！
为什么？

油和水是不相溶的。
给我让开！
我先来这儿的。

油的密度比水小，会浮在水的上面。
你压到我了，
知道不？
那你躲远点呀！

水的沸点比油的沸点低，先沸腾的水形成的气泡会将油崩出来。
噗！
我生气了，
离我远点！

被热油和热水崩到容易烫伤。
哎呀！

往热油锅里倒水也会发生这样的危险。赶紧冲冷水吧。

倒点洗涤剂，油和水不就相溶了吗？
那菜还能吃吗？

你这招儿挺好！不用担心被烫伤了。

其中一种液体以小液滴的形式分散在另一种与其不相溶的液体中形成的混合物叫作乳浊液。

乳浊液不稳定，容易发生分层，乳化能够增强乳浊液的稳定性。

我去那边
泡一泡。
我要泡这个
牛奶池。

扑通！

它们是牛奶中的
脂肪和蛋白质。

水池温度升高，我们
脂肪和蛋白质就上浮
到表面了。

在煮鲜奶的过程中，其中脂肪和蛋白质上浮，放凉之后结成一层奶皮。

奶皮的脂肪含量较高，肥胖、心脑血管疾病患者和血脂高的人不建议食用奶皮。

嗨！
我在这儿！

啊，吓我一跳！

产奶妙招

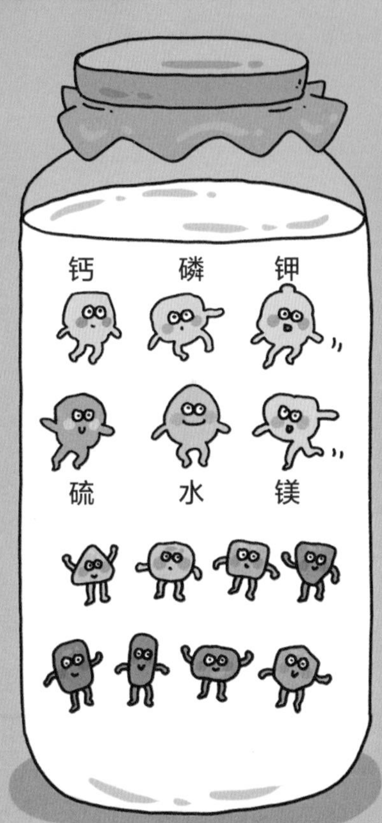

牛奶中含有水、脂肪、蛋白质、乳糖、矿物质及维生素等成分。钙、磷、钾、硫、镁、铜、锌、锰等元素的含量也较高。由于牛奶与人奶总体组成相似，所以牛奶是非常好的营养品。

乳脂以微粒状的脂肪球分布在牛奶乳液中，容易被人体消化吸收。

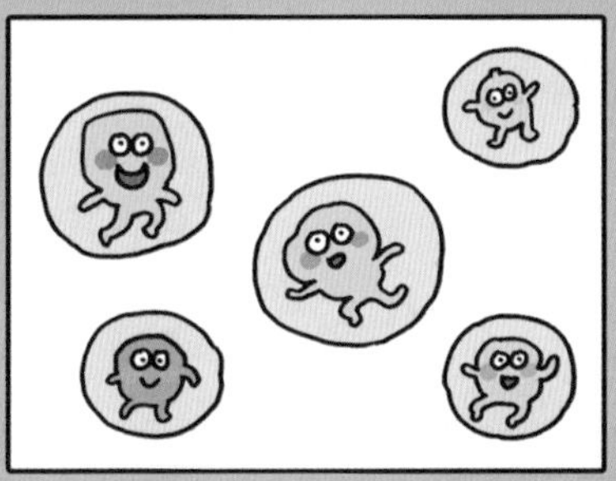

有人做过实验，给奶牛播放优美舒缓的音乐，奶牛的产奶量大大增加。

还有人给奶牛戴上虚拟现实（VR）眼镜，让奶牛以为自己身处美丽的大草原，这样产奶量也会有所增加。

你知道石油是怎么形成的吗？
我知道呀。

古代海洋或湖泊中的生物死去后，尸骸便沉在水底。

生物脂肪和蛋白质在地层高温高压的作用下逐渐液化，变成石油。

人类用专业的钻采设备将石油开采出来。
石油被称为“工业血液”，是工业生产离不开的重要资源。

啊，好恶心啊！

你走到沟里了，你踩的是“地沟油”！

一些不法分子收集各大饭店排入下水道隔油池中的油，通过过滤、沉淀、分离等方法将其提炼成地沟油，用来冒充食用油牟取暴利。地沟油含有细菌和铅等有毒物质，严重损害人的健康。

世界上最早发现并应用石油的国家是中国，北宋时期的科学家沈括发现了石油并研究了石油的用途，“石油”一词就是沈括创造的。

石油经过炼制加工可以获得燃料油（汽油、煤油）、润滑油、石蜡、沥青、液化气等多种产品。

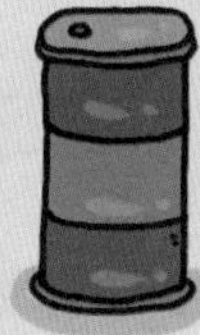

燃料油

润滑油

石蜡

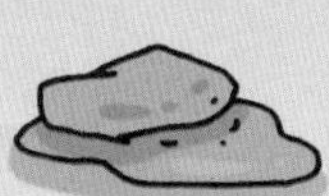

沥青

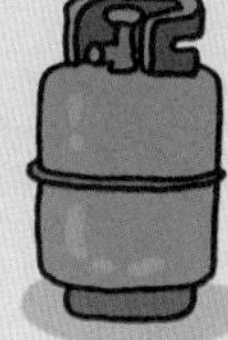

液化气

老板，
有豆浆吗？
当然有了。

你要甜的还是
咸的？
甜的？咸的？

还有白的跟黑的，
你要吗？
还有黑色的
豆浆？

黑色的还不止一种呢。
这是三黑豆浆，分别加入了
黑豆、黑米、黑芝麻。
这也太难
选了。

加点酱油、榨菜、紫菜、虾米、葱花、油条。辣酱要不？

地方特色呀，他们就爱喝这样的豆浆。

别再加了！我就是想喝碗纯粹的豆浆！你这都是什么呀？

豆浆与豆腐的诞生

豆浆起源于中国，相传在 2100 多年前，西汉淮南王刘安每天将泡好的黄豆磨成豆浆，给生病的母亲喝，由此豆浆开始在民间流行起来。

豆浆必须煮沸才能喝！煮沸、煮熟、煮透能去除豆浆中的有害物质。

刘安有一次无意将石膏和豆浆放在了一起，豆浆经过化学变化之后，变成了豆腐。

我这儿还有一碗，
你还喝吗？

豆浆多好喝呀，
千万别浪费。

这碗豆浆是坏了
吗？怎么酸臭酸
臭的。

哈哈，其实这碗是豆汁。是绿豆经
过烫豆、磨豆、淀粉分离、发酵、
煮沸而制成的。具有养胃、解毒、
清火的功效，是北京特色小吃。

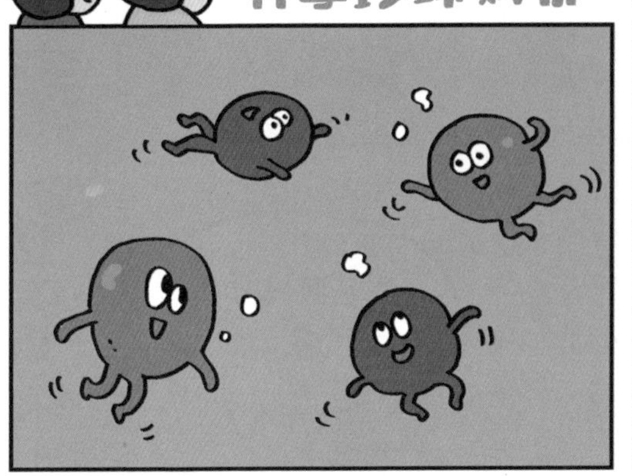
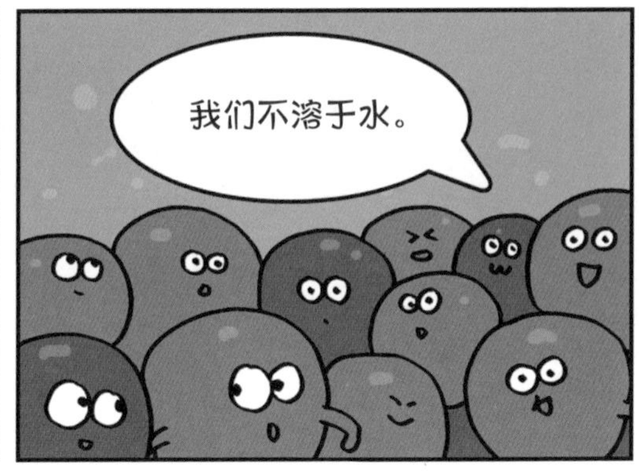
我们不溶于水。

噗！
珍珠奶茶

我只喜欢喝奶茶。
我只喜欢吃"珍珠"。

我喝完给你。

"珍珠"呢，你不是说你只喜欢喝奶茶吗？

给你"珍珠"！
噗！
哎呀！

固体小颗粒悬浮在液体里形成的混合物，叫作悬浮液。

悬浮液不稳定、不均匀、不透明，会发生沉淀现象。

血液是悬浮液，墨汁也是悬浮液。

肠胃有点不
舒服。

去医院拍个X
线摄片检查一
下吧。

拿着，
把它喝了！
我不渴，
您别这么客气。

你一会儿要拍X线
摄片，这是钡餐，
快点喝了吧！
钡餐？

钡餐是硫酸钡和水按一定比例混合而成的，用来作为造影剂，结合 X 射线拍摄成的 X 线摄片能显示消化道的病变。

硫酸钡不溶于水，所以钡餐是悬浮液。

口服钡餐

拍 X 线摄片

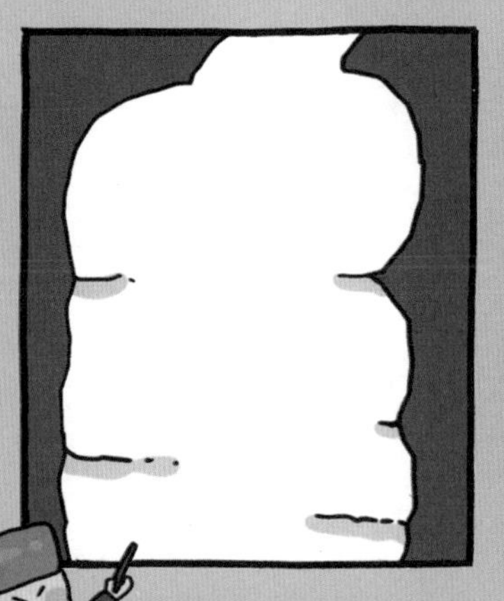

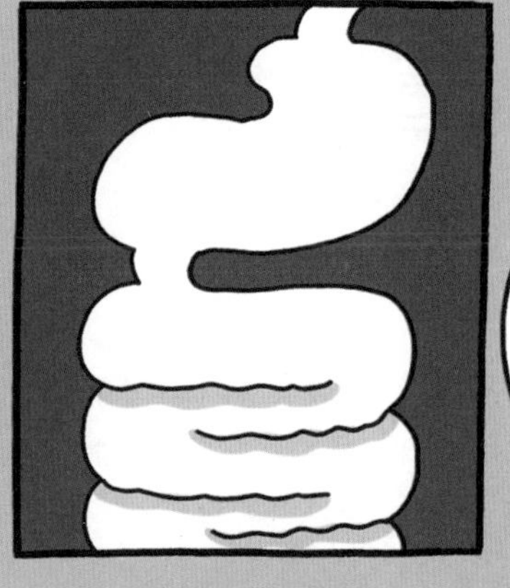

没有灌注钡餐的组织器官与周围部位密度相似，拍出的 X 线摄片黑白对比弱，医生不易发现病症。

灌注钡餐后，由于钡餐密度和组织器官密度不一样，阻碍 X 射线，所以 X 线摄片黑白对比分明，有利于医生诊断。

澄清的雨水

澄清的雨水、香水、眼泪属于溶液。

香水

眼泪

橡胶树乳胶

油漆和橡胶树流出的乳胶属于乳浊液。

油漆

浑浊的雨水

米汤

米汤和浑浊的雨水属于悬浮液。

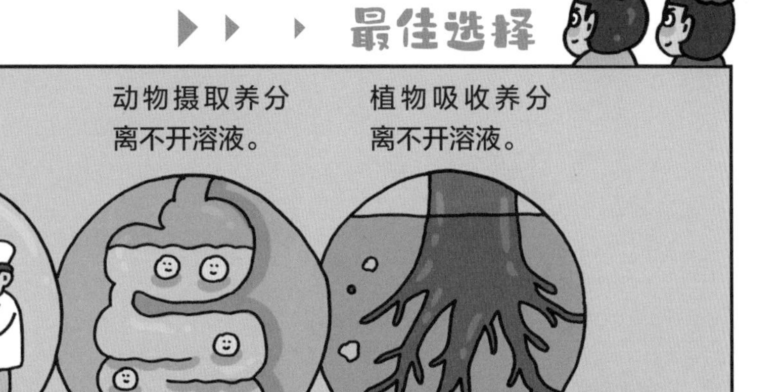
化工生产离不开溶液。
动物摄取养分离不开溶液。
植物吸收养分离不开溶液。

我要是不给你们讲这些溶液的拓展知识，你们是不是都蒙在这“溶液迷阵”里了，你们俩也应该在我这儿消费一下了吧？

那咱俩选点健康的喝吧！
好呀！

来两杯不要钱的白开水！
你们是一点钱也不想花呀。